阿基米德
Archimède
最大下潜深度：9560 米

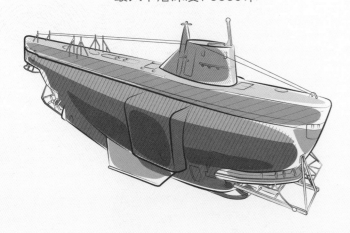

"阿基米德"号是法国海军1961年建造的科考级深潜器，由皮埃尔·威尔姆和乔治·豪特设计。"阿基米德"号是第一艘潜入大西洋最深处（波多黎各海沟，8390 米）的深潜器。1962年，"阿基米德"号在东北太平洋的千岛－勘察加海沟创造了自己最大的下潜深度纪录：9560 米。该潜水器一直服役到20 世纪70 年代末。

铝航
Aluminaut
最大下潜深度：4600 米

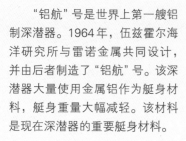

"铝航"号是世界上第一艘铝制深潜器。1964年，伍兹霍尔海洋研究所与雷诺金属共同设计，并由后者制造了"铝航"号。该深潜器大量使用金属铝作为艇身材料，艇身重量大幅减轻。该材料是现在深潜器的重要艇身材料。

阿尔文
Alvin
设计深度：4500 米

毫无疑问，"阿尔文"号是深潜器中的传奇。从1964 年6 月5 日正式交付到现在，这位"老兵"已经服役了50 多年。"阿尔文"号曾经打捞过氢弹，发现过海底"黑烟囱"以及"泰坦尼克"号残骸。这艘深潜器曾经沉没过，也曾经被剑鱼攻击过，但是经过打捞、维修和升级，"阿尔文"号至今已经完成5000 次下潜，并且纪录还在不断刷新。

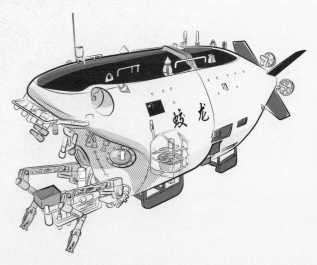

蛟龙
Jiaolong

设计深度：7000 米
最大下潜深度：7062 米

　　"蛟龙"号是由我国自主设计、自主集成研制的载人深潜器。2012年7月，在马里亚纳海沟创造了当时作业型载人潜水器的最大潜深世界纪录。

特别感谢

陈　驰 ……………… 深渊极客

张　浩 ……………… 深渊极客

岑志连 ……………… 新华社记者

张建松 ……………… 新华社记者

罗瑞龙 ……………… 上海海洋大学讲师

上海市浦东新区科普专项支持

海豆大洋科考记

Hadal's
Marine Scientific Research

宋婷婷 崔维成 朱 茜 著

程 磊 绘

浙江科学技术出版社

图书在版编目（CIP）数据

海豆大洋科考记 / 宋婷婷，崔维成，朱茜著；程磊绘 . -- 杭州 ：浙江科学技术出版社，2021.3（2023.1 重印）

（一起出海吧）

ISBN 978-7-5341-9186-2

Ⅰ . ①海… Ⅱ . ①宋… ②崔… ③朱… ④程… Ⅲ . ①海洋－科学考察－少儿读物 Ⅳ . ① P72-49

中国版本图书馆 CIP 数据核字（2020）第 158696 号

丛 书 名　一起出海吧
书 　 名　海豆大洋科考记
著 　 者　宋婷婷　崔维成　朱　茜
绘 　 者　程　磊

出版发行　**浙江科学技术出版社**
　　　　　杭州市体育场路 347 号　　　　　　邮政编码：310006
　　　　　办公室电话：0571-85176593　　　　销售部电话：0571-85062597
　　　　　网址：www.zkpress.com　　　　　　E-mail：zkpress@zkpress.com

排　版	杭州万方图书有限公司	印　刷	浙江海虹彩色印务有限公司
开　本	889×1194　1/16	印　张	3
字　数	10 000		
版　次	2021 年 3 月第 1 版	印　次	2023 年 1 月第 2 次印刷
书　号	ISBN 978-7-5341-9186-2	定　价	48.00 元

责任编辑	刘　燕　颜慧佳	责任校对	赵　艳
责任美编	金　晖	责任印务	叶文炀

什么是海沟

海沟是位于海洋中的两壁较陡、狭长的、水深大于 5000 米的沟槽，是海底最深的地方。目前，已知最深的海沟是马里亚纳海沟，其最大水深可达到约 11000 米。

海沟是如何形成的

科学家认为地球的岩石圈不是一整块的，而是由多个大板块拼成的。各个板块都在不停地移动，移动速度虽然很小，但经过亿万年后，地球的面貌就会发生巨大的变化。当两个板块逐渐分离时，在分离处可能会出现新的凹地或者海洋；当两个板块相互靠拢并发生碰撞时，可能会挤压出高大的山脉。海洋板块相对于大陆板块密度较大，水平位置要低一些，当海洋板块和大陆板块相向运动时，海洋板块俯冲到大陆板块之下，从而形成了长长的"V"字形的海沟。

什么是深渊区

海洋科学家将海洋中深度大于 6000 米的区域称作深渊区，在已知的 39 条海沟中，有 30 条海沟位于深渊区。

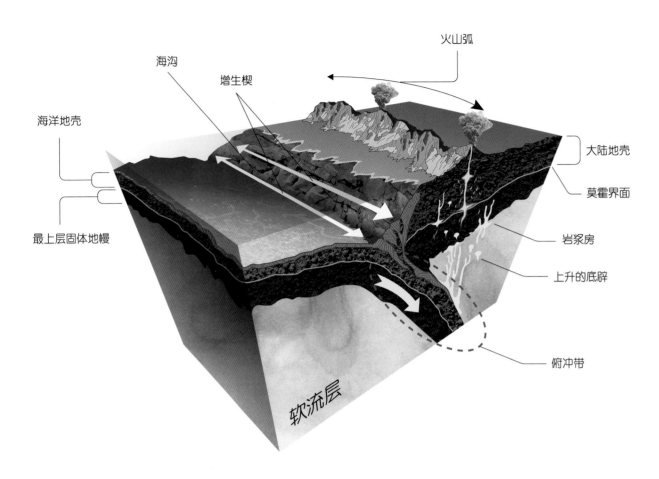

为什么要研究深渊

深渊生物、深渊生态和深渊地质对海洋科学甚至地球科学的完整理解都十分重要，对地球生态、全球气候、海洋环境保护、地球生命起源研究、地震预报等领域均有十分重要的作用。

大家好，我叫海豆，
今年 8 岁，来自上海。

　　我的爸爸是一名海洋地质
学家，他经常出海考察，
给我讲过许多海上科
考的故事以及海沟
和深渊的知识。

　　我出生时，爸爸正在水深最深的马里
亚纳海沟深渊区考察，为了纪念这个美好的
巧合，爸爸给我取名"海豆"，是"深渊"
的英文 hadal 的译音。我慢慢长大，对这个
跟我名字有关的地方也越来越好奇。我
总想着如果有一天能跟爸爸一起出
海，去这个地方该多好啊……

有一天,
"海豆,放假跟爸爸去海上科考怎么样?"

"这是真的吗?!"

我简直不敢相信自己的耳朵!
"当然了,但是出海前我们要好好准备哦!"
"Yes, sir! "

这是小型的液氮罐。

液氮罐是干什么用的？

爸爸，这个"穿着衣服"的圆桶是什么？

我们这次出海主要是为了采集深海样品。海沟里海水、泥巴以及各类生物的样品采集能帮助我们更好地了解海沟。但是地面和深海的环境相差很大，采集上来的样品需要存储在低温中才有研究价值，这个液氮罐就可以提供我们需要的低温环境。

就像蔬菜要放到冰箱里保鲜才不会坏掉。

但是普通冰箱是0℃保鲜，这个"冰箱"可是能达到−200℃呢。

爸爸说我们这次要去新不列颠海沟，将要在海上待两个月左右的时间。

为了此次深渊考察，科学家们要准备实验需要的各种取样器、分析仪器以及盛放海水、沉积物和生物样本的容器，例如液氮罐等。爸爸说，实验设备和零件有成百上千个，出海前的准备需要很充分才能确保海上的科考工作顺利进行。

"哈哈哈，爸爸，你又剪成板寸头了！"

"这样洗头的时候就能少用点水了，以前船上的淡水很少，船员都要剃光头呢。"

"我舍不得剪掉我的辫子……"

"不用怕，现在的大型科考船一般都配备了海水淡化系统，可以提供充足的淡水。

剪头发只是一种仪式。"

离出发只剩半个月了，我的心情像海上的浪花一样无比欢腾。妈妈和我也开始为这次期待已久的海上之行做准备啦！

出发的日子终于到了，爸爸告诉我船已经停靠在芦潮港码头，船的名字叫"张謇"号。我们来到了码头，映入眼帘的是一个庞然大物，它看起来好高好大呀。

 **小贴士**

船号说明

船舶 IMO 编码是国际上通用的船舶识别代码，就像每辆车都有车牌一样，有了这个编码就可以查到船舶的相关信息。小朋友们可以动手查查"张謇"号现在的位置呢。

"张謇"号

总长	约 97.55 米
水线间长	89.04 米
垂线间长	85.90 米
型宽	17.80 米
型深	8.40 米
设计吃水	5.65 米
排水量	约 4800 吨
定员	60 人
船员	20 人
最大航速	约 14.0 节
	(1 节 =1 海里／小时 =1852 米／小时)
巡航速度	12.0 节
续航力	15000 海里

舵机舱

空舱

2号燃油日用舱 燃油沉淀舱 1号燃油日用舱 隔离空舱 低硫油沉淀舱

机舱

绞车舱

艏部淡水压载舱

3号燃油舱

机舱室

机舱

艉部轴冷却淡水舱

7号淡水压载舱

2号淡水舱

污燃油舱

燃油溢流舱

冷却水泄放舱

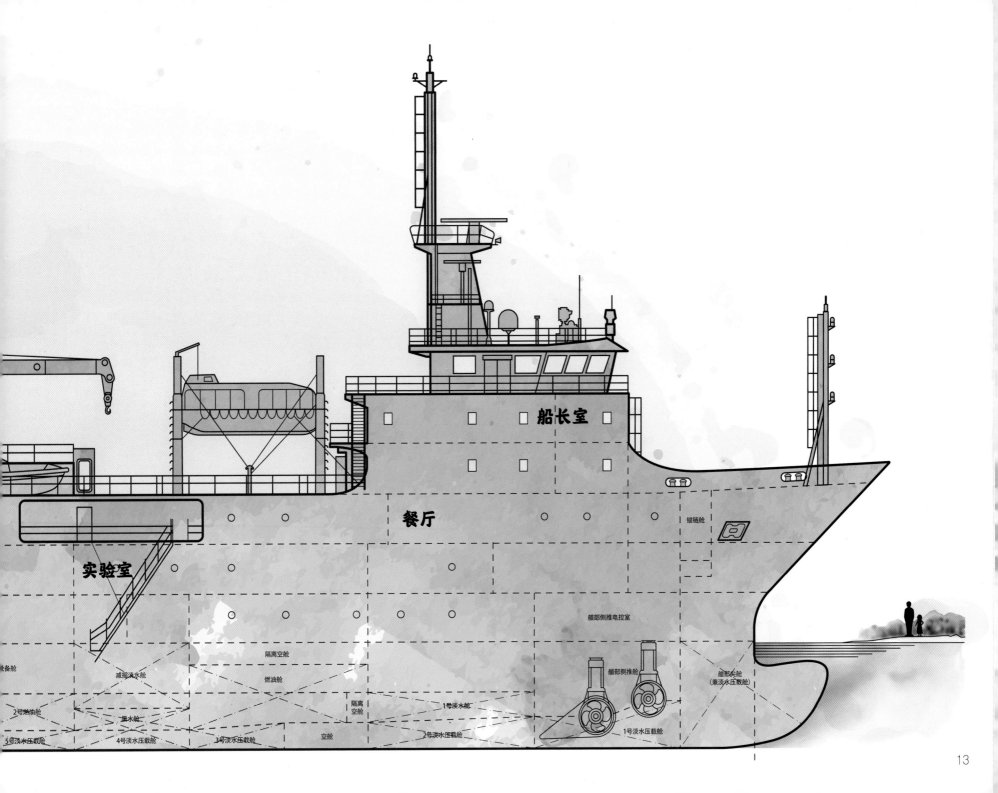

船长室

餐厅

锚链舱

实验室

艏部侧推电控室

隔离空舱

艏部尖舱
（兼淡水压载舱）

减摇淡水舱

燃油舱

艏部侧推

设备舱

隔离空舱

2号燃油舱

黑水舱

1号淡水舱

1号淡水压载舱

5号淡水压载舱

4号淡水压载舱

3号淡水压载舱

空舱

2号淡水压载舱

厨房

ZHANGJIAN

船上的广播里传来了船长的声音："全员请注意！全员请注意！'张骞'号即将起航，送行的亲友请下船！"船长点完名后，一声令下："出发！"在鞭炮和汽笛声中，我和爸爸挥手告别妈妈，两个月后再见啦！

"去尝尝大厨的手艺吧！"

**"船上的大餐，
我海豆豆来也！"**

晚饭后，船长召集大家到会议室领取工作服，顺便开个见面会相互认识一下。令我惊喜的是，船长也给我准备了一套工作服，上面还有我的名字呢。

爸爸嘱咐我，去甲板时必须要穿着工作服，因为工作服颜色鲜艳还带有反光条，万一不慎落水更容易被发现。

见面会上我了解到船上一共有58人，其中船员22人，从事深海研究的科学家和工程师35人，还有一个小记者海豆。

船长和他的船员们
——负责科考船的驾驶和整个航行的安全

总指挥（崔维成教授）
——负责科学考察整体规划和紧急问题的处理

首席科学家（我爸爸）
——负责采样规划、实施和样品的处理、分配

18位工程师
——负责深海装备的调试、维修和应用

15位科学家
——负责科学样品的采集、处理和保存

2位起重机操作员
——负责深海设备的吊放

小记者海豆
——负责记录船上的点点滴滴

17

在船上的第一个晚上，我适应得不错，躺在小床上安心又舒适，美美地睡到了天亮。按照昨晚船长说的，今天要进行消防演习和弃船演习。爸爸耐心地给我示范救生衣的正确穿法，我反复练习了好几次，终于可以又快又好地完成了。

小贴士

"如果船上有人落水了怎么办？"
"马上报告，大喊'有人落水了'！"
"正确。不能跳下去救人，要等待专业人员救援。如果附近有救生圈，应该马上扔给落水者。"

集合处

操作员

救生艇

出发前，我列了一个计划清单：跟爸爸一起坐在甲板上看日出、去驾驶室听船长讲故事……但现在一件事情也没完成，因为我晕船了。整整 3 天，只要一离开床，我就感觉天旋地转。爸爸说再适应几天就会好的。

听说有几位叔叔也晕船了。可爸爸说他们这两天要给很多设备进行浅水测试，即使晕船也要坚持在甲板上作业，忍不住了就抱着垃圾桶吐一会儿，吐完再继续工作。我本来觉得出海太艰辛了，还跟爸爸说想回家。知道叔叔们都这么坚强后，我也决定要克服困难继续坚持下去。

我终于适应了船上摇晃的感觉，整个人都精神了起来。于是我拿出相机，走到哪里就拍到哪里，像个小记者一样采访船长、船员和实验室的叔叔阿姨们，而我的重点采访对象是这次航次的总指挥崔维成教授。

爸爸说，崔伯伯是一位非常厉害的科学家，他带领团队攻克了许多难关，是我国第一艘深海载人潜水器"蛟龙"号的第一副总设计师，也是第一个下潜到7000米深海的中国人。我对崔伯伯仰慕已久，今天，我终于能当面听崔伯伯讲他自己的深潜故事啦。

崔伯伯说，他在接到建造"蛟龙"号的任务之前，从来没接触过深海载人潜水器，但他一点儿也不害怕。他说，既然别人能做出来，他肯定也可以，有了困难就去解决，遇到不懂的就去学习，只要自己不放弃，总会成功的。最终，崔伯伯成功了。

崔伯伯的梦想是设计一艘下潜深度 11000 米的深海载人潜水器，并希望自己随这艘深海载人潜水器潜入海洋最深处——马里亚纳海沟。我觉得这个梦想可真大，不过就像崔伯伯说的，只要自己不放弃，朝着目标努力，总会成功的。那我的梦想是什么呢？我得好好想想了。

"人潜入深海必须要坐潜水器吗？"

"是的。因为深海水压特别大。海底11000米处的水压，相当于一个指甲盖上压着一辆坦克。"

"水压那么大，潜水器不会被压坏吗？"

"潜水器上的设备都经过了高压测试，不会被压坏。"

"潜到那么深的地方，您不会害怕吗？"

"不害怕。我是'蛟龙'号的设计者，我知道自己乘坐的载人舱是非常坚固、安全的。而且就算遇到麻烦，我们还有很多应急措施。"

"您遇到过哪些麻烦呢？"

"有一次下潜后没多久潜水器就报警了，我们怀疑是电池漏水。"

"那怎么办？赶紧修理？"

"潜水器不能在海里进行维修，所以我们立即返回水面，到了船上问题很快就解决了。"

"海底有很多海草，如果潜水器被海草缠住了怎么办？"

"我们设计时也考虑到了这种情况。所有潜水器突出的部分，像机械手之类的，都是可以断开抛弃的。"

"就像壁虎断尾求生一样。"

"这个比喻很贴切！"

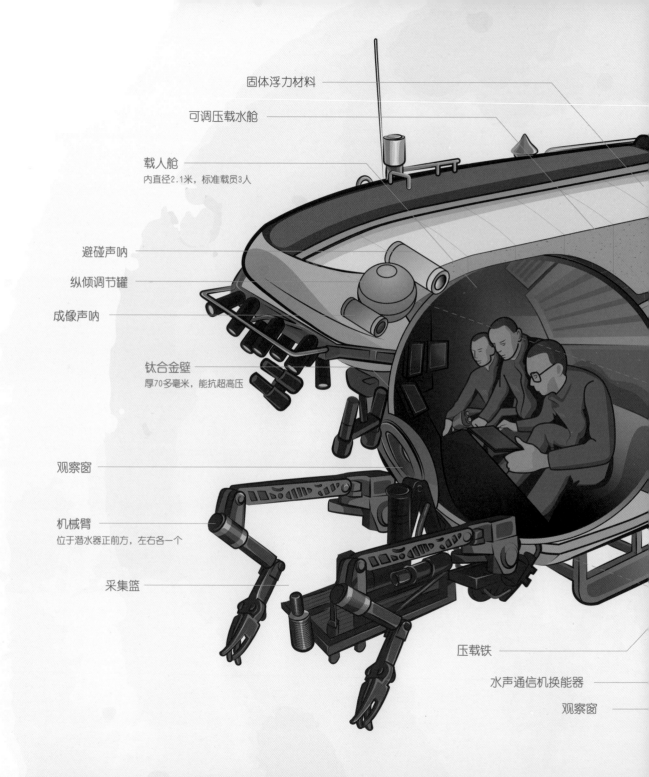

固体浮力材料

可调压载水舱

载人舱
内直径2.1米，标准载员3人

避碰声呐

纵倾调节罐

成像声呐

钛合金壁
厚70多毫米，能抗超高压

观察窗

机械臂
位于潜水器正前方，左右各一个

采集篮

压载铁

水声通信机换能器

观察窗

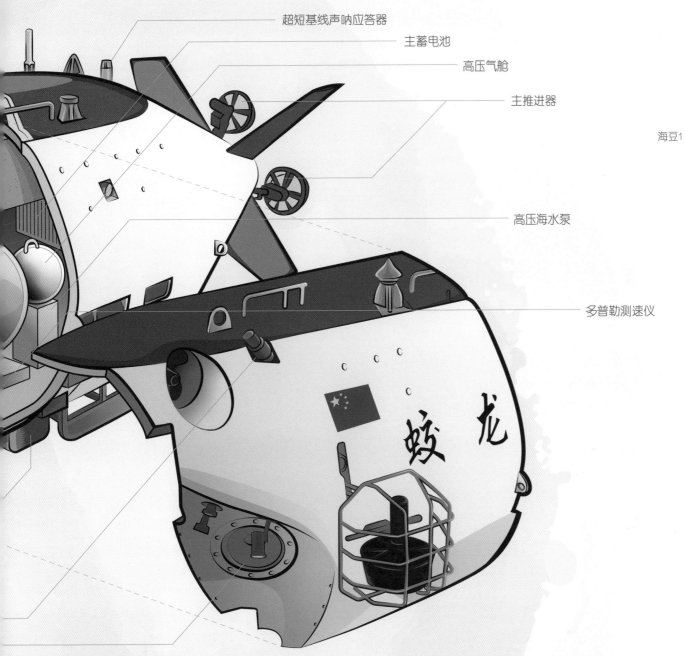

超短基线声呐应答器

主蓄电池

高压气舱

主推进器

高压海水泵

多普勒测速仪

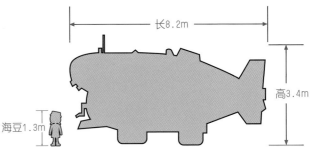

长8.2m

高3.4m

海豆1.3m

重量：不超过22吨（在空气中）

有效负载：220公斤（不包括乘员重量）

设计最大下潜深度：7000米

载员：3人

下潜速度：37米/分钟

正常水下工作时间：12小时
应急可达3天半

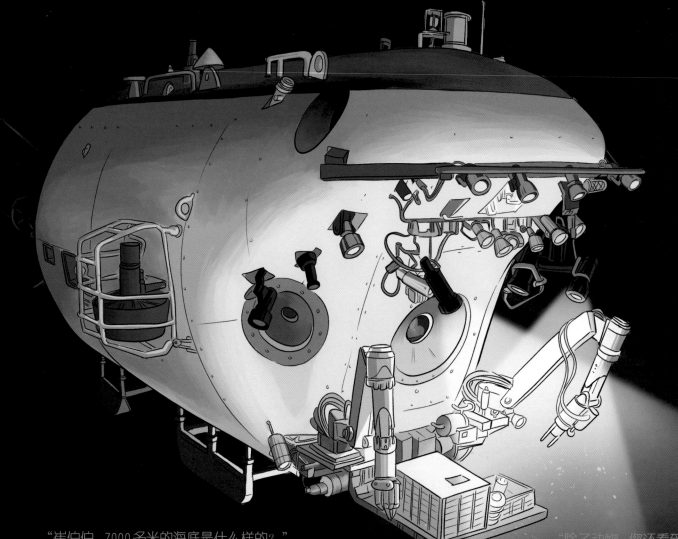

"崔伯伯，7000多米的海底是什么样的？"

"每个海沟都不一样，我看到的那个有点荒凉，像沙漠。很远的地方才有零星几个生物。"

"您都看到过哪些生物呀？"

"有深海鱼、虾，海参也见过，还有海百合。"

"我知道海百合，是一种长得像花的动物。"

"是的，深海黑暗无光，植物没办法生存，遇到的所有生物都是动物。"

"除了动物，您还看到过其他东西吗？"

"当然，最让我震惊的是在6000多米的海里看到了塑料袋！"

"塑料袋？塑料袋居然能到那么深的海里啊？"

"是啊，连在10000多米的海底都发现了塑料垃圾。有的海洋生物会错把塑料当成食物吞食，有的会被塑料袋缠绕致死，形势很严峻。"

"我们要尽量少用塑料制品，保护海洋生物！"

有一天，吃午饭的时候，二副叔叔突然跑到餐厅，大喊："有鲸鱼！"

我赶紧放下筷子，冲到甲板上，这还是我第一次看到鲸鱼呢，而且是三头！看起来像是爸爸妈妈带着孩子，在海中嬉戏。它们轮番跃出水面，像体操运动员一样优雅地在空中转了个圈圈，然后入水，激起一片水花。它们一度离船特别近，鲸鱼妈妈的大头浮出水面，好像在跟我打招呼呢。

爸爸说，我们要停船一天，测试一下着陆器的功能。我看着着陆器，心想它长得可真奇怪。不过，听爸爸说，它的用处可大了，是一种能潜到深海采集生物、海水、海底泥巴等样品的设备。出海进行科学考察，它可不能少！

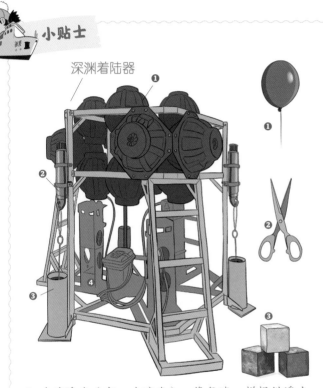

小贴士

深渊着陆器

1. 玻璃浮球（空心玻璃球），像气球一样提供浮力，使之浮出水面。
2. 声学释放器，像剪刀剪断线绳，抛弃压载铁，减轻重量。
3. 压载铁（铁桶＋铁砂），像铁块一样增加重量，使之沉入海底。
4. 沉积物取样器，像倒扣的瓶子一样，打开瓶口插入海底，然后盖上瓶口。这样瓶子里就装满海底的泥巴了。

吃过早饭，我跑到甲板上，看到崔伯伯正指挥队员们给着陆器做下海前的检查。当一切准备就绪，崔伯伯用无线电下令："开始布放！"在轰鸣声中，船上的大吊车吊起了着陆器，慢慢地转向海面。今天风浪有点大，着陆器像钟摆一样左摇右晃。"真担心它会掉下来，"我刚这样想，着陆器就意外脱钩了，像一块巨石砸向海面，激起了一大片水花。我们赶紧跑到船边去看，着陆器竟然没有沉下去，崔伯伯说可能是巨大的水面拍击力导致着陆器上的压载铁掉落了。队员们把着陆器回收到船上检查了一番，确定没问题后又很快将它重新布放了。

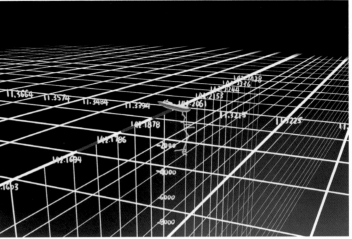

超短基线水声定位系统

"崔伯伯，着陆器下潜后会去哪里呢？它会不会乖乖地去深海呢？"我问崔伯伯。崔伯伯把我带到控制室的大屏前，指着屏幕上的黄点说："着陆器上安装了定位，下潜的时候就像戴着'电话手表'，我们可以在屏幕上实时看到它的位置。"崔伯伯还说，下午4点他们会去甲板接着陆器回家。

小贴士

着陆器的"电话手表"：超短基线水声定位系统。着陆器上的定位信标，每隔十几秒给母船发射一个声学信号。母船收到信号后，船上的系统根据信号自动计算出着陆器相对船的位置。再通过母船的坐标，就可以推算出着陆器的精确坐标了。

下午 4 点，甲板上开始了着陆器回收的准备工作。可天公不作美，不一会儿天就变阴了，风呼呼地刮着，还下起雨来，船摇晃得更加厉害了……

我回到控制室，可科考队员们还在风雨中继续工作着，我在大屏幕上看到船按照定位系统的指引，向着陆器浮上来的方向前进。"在那里！在前方那里！"水头叔叔第一个发现了，我迫不及待地拿起望远镜，透过舷窗看到了一个橙色的小点儿在海面忽上忽下。

接下来是对船长的考验。在波涛汹涌的海面上，船长要让船不断接近着陆器，但又不能撞到它。"左侧行""右舷五度""双车停"……在船长一连串的指令下，着陆器由一个小点儿慢慢变大，最终在离母船左侧两米远的位置被成功收回。

这次，着陆器带回了满满三大箱海底泥巴，真是太能干了。崔伯伯和其他工作人员都很开心。

船一天天地靠近赤道，天气开始变热，我们脱下了笨重的棉衣。今天的气温有 28℃，妈妈还穿着大棉袄的时候，我却开始过夏天了，太神奇了。

为了庆祝我们穿越赤道，船上要举行一个叫"赤道祭"的仪式。仪式那天，船长被打扮成了"海神"的样子，实在是太可爱了！就在我看得目不转睛的时候，突然一盆水"哗啦"浇到了我身上，把我淋成了"落汤鸡"。爸爸在一旁"哈哈"笑个不停，边笑边说："我们海豆也接受了'赤道龙王'的洗礼啦。"我似懂非懂地愣在那儿，这时"海神"开始祝酒了，"海神"给桌上的杯子里都倒了"酒"，新人要喝下"海神"倒的"酒"才算接受了"海神"的祝福。第一次上船的李叔叔拿起杯子一饮而尽，脸上的表情却扭曲起来，他一边吐着舌头，一边喊着："水、水……"惹得大家哈哈大笑。原来"海神"倒的不是酒，是醋、酱油、胡椒油……大概是受到了"海神"的照顾，我喝到的是我最爱的可乐，真幸运呀！

最后，"海神"要给每人取个带"海"字的名字。有的叫海马，有的叫海狗，轮到我了，"海神"说，你这么可爱，就叫海豆吧！

我们终于到达了这次航线的目的地——新不列颠海沟。接下来的 1 个月，科考队员们要在这里测试设备、采集样品，进行科学考察。

第二天，等我一觉醒来，爸爸就已经去了甲板上，此时爸爸和科考队的叔叔们正在甲板上工作。我想靠近一点细看，却被许阿姨拦住了。许阿姨说他们正在回收着陆器，我过去会影响大家工作，而且吊车正在工作，着陆器也还没固定，站得近了会有危险。

爸爸收工后告诉我，他们一整晚都在工作，因为昨晚海上风平浪静，很适合作业，为了取回更多的研究样品，科考队员们决定加班加点布放着陆器。爸爸也在连夜处理采集到的海底水样和泥样。爸爸以前总说，深海样本来之不易，上面凝聚了所有科考工作人员的汗水和心血，因此要仔细记录、精心保存。爸爸看起来有些许疲倦，脸上却带着笑意。

许阿姨是研究各种深海鱼类的科学家，这次她上船的任务是采集深海鱼类样本，可遗憾的是，到目前为止，许阿姨一条鱼也没抓到。

许阿姨告诉我，深海里存在着许多未知，深海鱼的数量远不如浅海，再加上我们对深海不够了解，所以即使有幸遇到也不一定能抓住，有时不但鱼没抓到，抓鱼的笼子也丢失了。

我问她，如果一直抓不到鱼，那该怎么办呢？许阿姨淡定地说："那我就得找原因了，也许是因为诱饵或者笼子不合适，也许还有其他原因。做科学研究遇到挫折是很正常的，要不断总结经验才能有所收获。"

我在心里默默祈祷一切顺利，让许阿姨快点抓到珍贵的深海鱼。

"海神"好像听见了我的祈祷，第二天早上我去甲板上，爸爸笑着跟我说，凌晨的时候许阿姨抓到了一条深海鱼。我赶紧跑到生物实验室，想看看深海鱼跟普通的浅海鱼到底有什么不同。

刚拉开实验室大门，我就看到许阿姨戴着口罩在实验台前准备解剖。我赶忙跑过去，想在这条珍贵的深海鱼被"大卸八块"前见它最后一面。

它浑身黑漆漆的，长得一点也不可爱，甚至还有点丑，异常突出的嘴张得大大的，仿佛随时在等待接住上方掉落的食物。它的身体表面没有鳞片，像我们的皮肤一样光滑，许阿姨说这能使它的体内组织充满水分，帮助它保持体内的压力与外界深海的压力一致，这样它才不会被压扁。真是个聪明的小家伙。

小贴士

鱼中的深潜冠军：狮子鱼

2016年，在马里亚纳海沟8145米深的海域，科学家发现了一条狮子鱼幼鱼，它的身体呈半透明的蝌蚪状，没有鳞片，是迄今为止发现的生活在海洋最深处的鱼类。

编号	长度 / 毫米	重量 / 克
1 号	101.63	22.20
2 号	77.77	17.13
3 号	110.29	17.31
4 号	89.93	16.58
5 号	93.47	20.14

爸爸和其他科考队员们正在整理保存刚捕获的钩虾。钩虾长得也有些奇怪，头小小的，身子胖胖的，有很多脚，像只大虫子。对了，爸爸说钩虾其实并不是虾，而是一种端足类生物，嗯，就像海马不是马一样。

爸爸先仔细地给每只钩虾做详细的体检，目的是给它们做一个"身份证"——信息卡。填好信息卡后，每只虾都会被安排到它们的专属空间——大大小小的瓶瓶罐罐里，然后被编上号冷冻起来。科学家们可以凭借数字编号查询到虾的基本信息。

钩虾整理完毕后，爸爸拿出一只准备解剖。钩虾表面的壳薄薄软软的，跟妈妈做的甜虾的壳差不多。它的外壳下全是肉，爸爸说这些肉都是脂肪，深海里食物匮乏，钩虾就把吃到的食物转化成脂肪储存了起来。只有在钩虾足上才有一点肌肉。爸爸今天就是要分别取一些脂肪和肌肉，通过分析这些组织的成分，了解钩虾的食性和生存的生态环境。

爸爸剪下了钩虾的一条腿，小心翼翼地剖开，然后用镊子剥离出了一整块肌肉。咦，看起来很简单嘛，我在一旁跃跃欲试，但爸爸担心我浪费样品，让我在他的严格指导下处理实验品。可事情并没有我想的那么简单，钩虾足太小了，我费了好大力气才夹稳，船又一直晃来晃去，剪刀总也剪不到对的地方，不是把足剪断了，就是剪到镊子或者空气，根本没有看上去那么容易。我生怕浪费样品，最后只好放弃了。

000012

快要过年了，为了迎接新年，大厨组织了一次包饺子活动。大家和面、擀皮儿、拌馅儿，说着笑着，船舱里一下就有了年味儿。

吃完饺子回到房间，我有点想妈妈了。我有好多话想跟她说啊：我看到鲸鱼在碧蓝的海面上逐浪、跳跃；我采访了崔伯伯，知道了"蛟龙"号背后很多有趣的故事；还有大厨叔叔做的蛋炒饭特别好吃……

真想让妈妈也尝尝我包的饺子！

经过短暂的靠岸停留和食物补给后，崔伯伯终于下令返航啦！想到很快就能见到妈妈，我就抑制不住内心的喜悦。返航途中大家也没有闲下来，他们还在采集海水和岩石样本。我看到大家齐心协力把一个系着钢缆的大铁架子扔进了海里。爸爸说那叫 CTD 采水器，采水器上装着 24 个瓶子，这些瓶子是用来采集海水的。

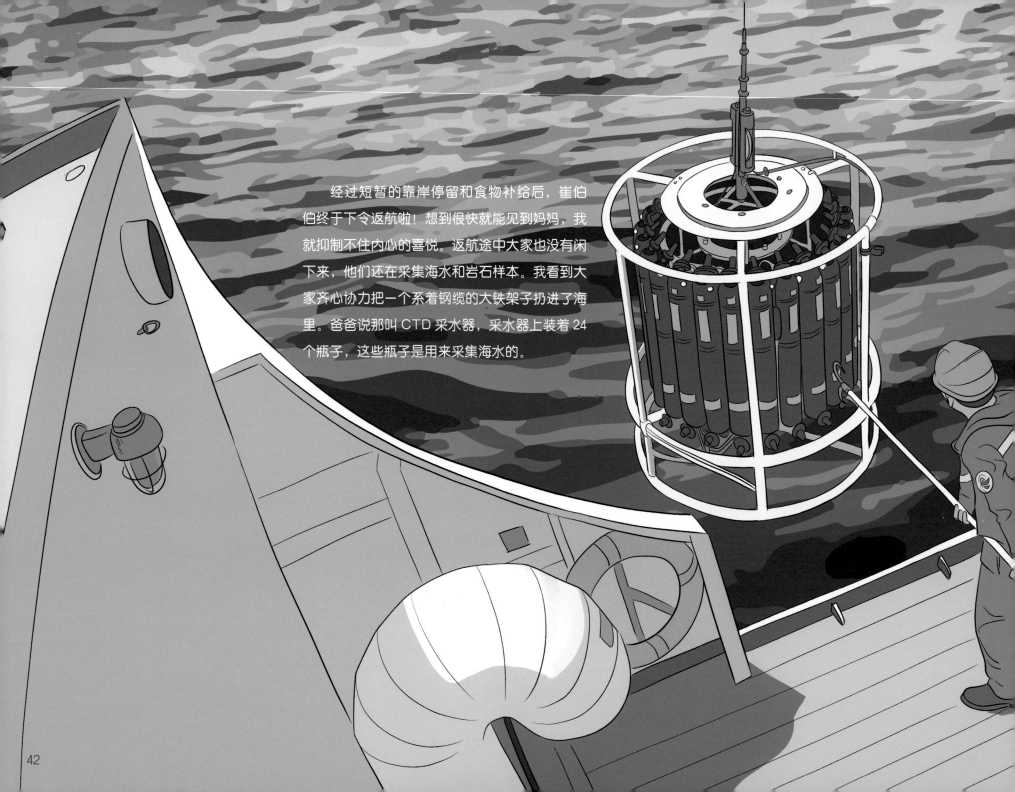

采水前，工作人员得先爬到架子上把采水瓶两端的盖子都打开，之后，吊车将采水器缓缓放入海里。当采水器到达预定的采水深度时，采水瓶两端的盖子会自动关闭，把海水封在瓶子里。最后，吊车把采水器吊回船上，海水采集就结束了。通过海水采集可以对海水的温度、盐度等进行监测，得到的数据可以为科学家研究海洋提供帮助。

完成科考任务后，大家都开始放松了下来。晚上大副王叔叔要带我去钓鱿鱼。王叔叔曾经在远洋渔船上工作，经常出海去很远的地方考察。

王叔叔说鱿鱼喜欢亮光，于是他找来了一个大灯泡，接上线，把海面照亮，这样鱿鱼就会被亮光吸引过来。我们把带有密密麻麻的钩刺的钓钩扔到海里，坐等鱿鱼上钩。可我等了好久它就是不上钩，王叔叔说我的钩子抖得不像"活物"，吸引不了鱿鱼。看着王叔叔那边鱿鱼一条接一条地上钩了，我却一条也没钓到，真把我急坏了。王叔叔看见我着急的样子，大笑道："鱿鱼都被我钓走了，我们小海豆负责吃就好啦！"

我们收工去厨房，找大厨叔
叔帮我们处理食材。我吃到了我
最爱的鱿鱼方便面，热乎乎的一
大碗，鱿鱼又嫩又弹，吃起来甜
甜的，回味无穷。

时间过得真快，我们就要停靠码头，下船回家了。我开始有些舍不得和大家分别。我把在船上拍的照片整理了一下，并在背面写上我的感谢和祝福，送给船上的叔叔阿姨们做纪念。

　　在船上度过的这两个月，像是做了一个长长的梦，梦里我实现了好多愿望。我更喜欢大海了，鲸鱼、鱿鱼、着陆器、科考队的叔叔阿姨深深地留在了我的脑海里，这是我第一次的大海奇幻之旅……

　　不过回家还是先写作业吧，否则妈妈又要咆哮了。

47

鹦鹉螺
Nautile
设计深度：6000米

　　"鹦鹉螺"号的名字来自法国著名科幻小说家儒勒·凡尔纳的著作《海底两万里》。这艘深潜器归属于法国海洋开发研究院。1984年，该深潜器开始执行任务。"鹦鹉螺"号的最大下潜深度为6000米，内部能够容纳3人。

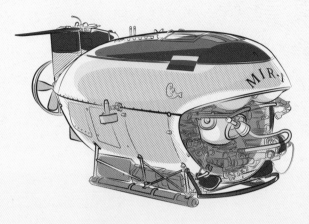

和平
MIR
设计深度：6000米

　　俄罗斯"和平"号系列有两艘载人深潜器：和平－1、和平－2。该项目由苏联科学院（现俄罗斯科学院）发起，苏联－芬兰联合建造并于1987年投入使用。希尔绍夫海洋研究院拥有这两艘深潜器的使用权。该深潜器能够容纳3人，最大下潜深度6000米。"和平"号深潜器曾拍摄过"泰坦尼克"号和"俾斯麦"战列舰的水下残骸影像，创造了淡水湖中的最深下潜纪录（贝加尔湖）。

深海6500
Shinkai 6500
设计深度：6500米

　　"深海6500"是日本科学技术厅海洋科学技术中心制造的载人深潜器，最大深度可达6500米，于1989年投入使用。"深海6500"帮助科学家积累了大量有关水下地壳与火山活动的宝贵资料。在2012年6月19日中国"蛟龙"号下潜到6965米之前，"深海6500"是全世界下潜深度最大的作业型潜水器。